神奇的混合物

[韩国] 李庭模 著

[韩国] 金理祚 绘 石安琪 译

译林出版社

我们家要盖新房子。

要把房子盖牢固，需要很多材料。

第一步是挖地基，在地基里竖起一根根的管子。

铁管不能用，因为铁很容易变形。

只靠铁是不能盖房子的，

但我们可以在铁中加入碳，

得到的钢铁又坚固、又结实，

可以用来搭房子的框架。

铁 + 碳

铁

钢铁

结实、坚固

弯弯曲曲

弯弯曲曲

结实、坚固

这里有碎石子、黄沙、水泥和水。

碎石子能盖房子吗？只用碎石子的话，那可太难了。

黄沙能盖房子吗？只用黄沙的话，房子立刻就倒了。

水泥能盖房子吗？只用水泥的话，大风一吹，房子就被吹散了。

那么，可以用水盖房子吗？当然更不可能啦！

嘿呀！用力！

水泥

碎石子

无论是矮房子，
还是超级高的大楼，
都是混凝土造的。

混凝土
搅拌机

黄沙

水

只用碎石子、黄沙、水泥盖不了房子，
但是，如果用水把它们混合在一起，
就会变成牢固的混凝土。
混凝土造的房子可结实了，
经过 50 年风雨也还是好好的。

好了，我们现在进屋看看吧。

我们的家里有各种各样的物品，

比如玩具汽车、挂钟等等。

需要把不同的东西混合起来，才能造出它们。

我们身边，还有一些什么也没混合的东西，

比如，金、银、白砂糖、盐。

可是，它们是少数。

生活中许多东西混合在一起之后，才会变得更有用。

这里有水、橙子和二氧化碳。

往水里加入橙汁，我们就有了橙子味儿的饮料。

再加入二氧化碳，就变成橙子味儿的汽水啦！

怎么样？把不同的东西混合在一起，味道就不一样了吧？

咕嘟！咕嘟！

看这一锅美味！

把胡萝卜、洋葱、菠菜、香菇切成丝，

再把肉丝炒香，粉丝煮软，

加入酱油，把它们混合起来，

好吃的炒杂菜就完成啦！

混合在一起吃，营养更多，

味道也更好了呢！

开水

海带 牛肉

妈妈煮了一锅好吃的海带汤。

海带汤是怎么做的呢？

盐

切好海带和牛肉，放入清水中，

开火煮。

煮得差不多了再加入盐和酱油。

海带汤里也有好几种食材呢。

食物可以单独吃，也可以好几种一起吃，
但味道是不一样的。
杂粮饭、炒杂菜、泡菜……
我们吃的饭菜，很多都是好几种混合在一起的。
所以，我们的三餐才会那么美味又营养。

铁

做出美味饭菜的平底锅，也是用混合材料做成的。

铁做的东西如果长期不用，或是沾了水，就会生锈。

它生了锈就会变得脆弱，不再坚固。

十　镍

不过，在铁里加点儿镍，就得到了不锈钢。

用不锈钢做成的平底锅，就算沾了水也不会生锈。

锅弄脏了怎么办呢？

我们需要用洗洁精把它们洗干净。

洗洁精也是用好几种东西做成的。

洗洁精里有哪些东西呢？

有醋酸，它可以除去细菌。

有柠檬的成分，闻起来香喷喷的。

有绿茶的成分，可以保护我们的手。

还有能变出好多泡泡的成分。

把它们混合在一起，
我们就得到了洗洁精，
能轻松地把锅洗干净。

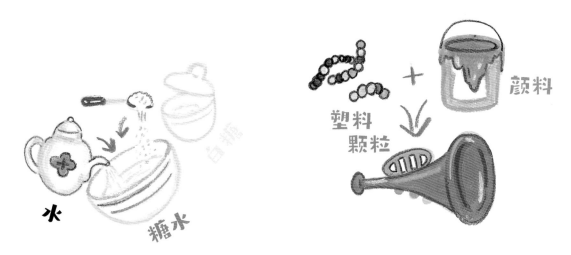

水

糖水

塑料
颗粒

颜料

看这些玩具，它们是塑料小颗粒组成的，

塑料小颗粒加上不同的颜色，就变得更漂亮了。

生活中到处都能看到的纸，也是因为加了漂白剂才会那么白。

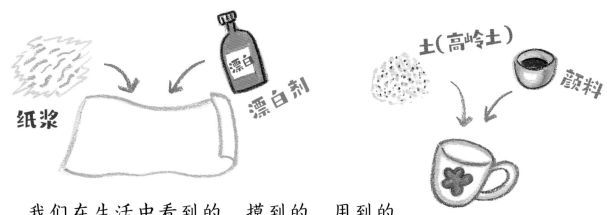

纸浆　漂白剂　土(高岭土)　颜料

我们在生活中看到的、摸到的、用到的、
吃到的很多东西，
都是各种物质混合而成的。
仔细想想，世界上只有一种成分的
东西真不常见呢！

让我们一起来看看这些漂亮的画。

画上一共使用了几种颜色呢？

虽然说颜色越多，画起画来就越方便；

但就算只有红、蓝、黄这三种颜色，

我们也可以把它们混合，获得更多、更丰富的新颜色。

红色加蓝色，得到紫色

红色加黄色，得到橙色

蓝色加黄色，得到绿色

我们看不见的东西里也存在着混合物。

现在请你深吸一口气，

其实我们呼吸的空气也是由氮气、氧气、

二氧化碳等气体混合而成的。

我们的屁，为什么那么难闻呢？

因为其中混合了氨气、硫化氢之类不好闻的气体。

有时，把不同的物质混合，
我们会得到意想不到的惊喜。
你想把哪些物质混合在一起呢？

 # 试试看，把混合物分离出来

这里有一堆盐、铁粉、黄沙、小石子和塑料泡沫组成的混合物。我们怎么才能把这五种物质一一分离出来呢？

吸铁石分离法

盐、铁粉、黄沙、小石子和塑料泡沫，这五种物质中，铁粉是唯一可以吸附在吸铁石上的东西。拿着吸铁石在这堆混合物上方轻轻移动，我们会发现只有铁粉被吸铁石吸走了。

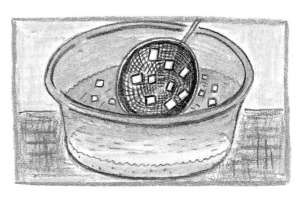

加水分离法

现在，我们在剩下的混合物中加入清水。加水后，这四种物质中最轻的塑料泡沫会浮在水面上，而较重的黄沙和小石子则会沉在水底。通过这个方法，我们就能轻松地将塑料泡沫分离出来。

筛网分离法

沉在水底的黄沙和小石子可以用筛网分离出来。首先，我们把黄沙和小石子连同水一起，倒在筛网上。那么，小石子会留在筛网上，而黄沙会留在水中。接下来，我们再将装有黄沙的水慢慢倒进另一只碗里，黄沙也就被分离出来啦。

蒸煮分离法

现在，原本装有混合物的水里只剩下盐了。盐和水混在一起，眼睛看不见了，怎么把它分离出来呢？我们将这一碗盐水倒入小锅中开火煮沸，等锅里的水分蒸发不见，剩下的东西就是盐了。

如果我们流落到无人岛上，要用什么方法才能找到可以喝的淡水呢？来，让我们一起想想办法吧！

巧用沸点分离物质

　　船在大海上航行，突然遭遇狂风暴雨，最终搁浅在一座无人岛。但是，船上已经没有可以喝的淡水了，只有一个装满了酒的箱子。我们该怎么做才能获得宝贵的饮用水呢？要知道，酒其实是水和乙醇的混合物。水需要烧到 100 摄氏度才会沸腾，换句话说，水的沸点是 100 摄氏度，但乙醇的沸点只有 78 摄氏度。利用它们沸点的差异，我们可以把酒倒进锅里加热。但是要记住，我们不需要加热到 100 摄氏度。当加热的温度超过 78 摄氏度时，乙醇就会蒸发，最后锅里剩下的就是可以喝的水啦！

混合，让世界更美丽

　　纯粹的心，是没有心机、没有谎言，干净而纯洁的。我们每个人的心都应当这样干净纯粹。但也并不是所有的东西都要像心灵一样纯净，很多时候，把不同的物质混合起来，反而会有更好的效果。

　　我们呼吸的空气中混合了氮气、氧气、二氧化碳等各种气体。但我们多数时候真正需要的只有氧气而已。走进郁郁葱葱的森林时，心情就会变好，对吧？这是因为森林的空气含氧量比较高。

　　但是，如果空气中只有氧气，又会怎样呢？有人会说，我们的头脑将会无比清醒，这多好呀！可事实上，如果空气中只有氧气的话，就要出大问题了。这是因为金属之间一旦相互碰撞，迸发出的微小火花都会燃起熊熊大火。因此，为了防止发生这样的情况，空气中必须含有大量的氮气。

　　在地铁里坐太久，人会很容易犯困。这是因为地铁里的空气中含有较多的二氧化碳。那如果空气中没有了二氧化碳，会怎样呢？恐怕我们也就无法存活了。植物的生长需要通过光合作用制造养分，而光合作用的原料就是水和二氧化碳。所以，如果空气中没有了二氧化碳，

那么植物就无法生长，动物就会失去赖以生存的食物。这样一来，人类也就无法生存了。

世界上的混合物还有很多很多。比如，泡菜也是由各种材料混合而成的。即便是用同样的材料，每家制作出来的泡菜味道也都不太一样。这是因为每家腌制泡菜时，混合的材料比例各不一样。

混合物的种类多到数不清。混合物虽好，但无论何时，我们都要记得保持内心的纯净呀！

——作者　李庭模

图书在版编目（CIP）数据

咚咚咚，敲响化学的门. 神奇的混合物 ／（韩）李庭
模著；（韩）金理祚绘 ；石安琪译.—南京：译林出
版社，2022.4
　　ISBN 978-7-5447-8987-5

　　Ⅰ.①咚… Ⅱ.①李…②金…③石… Ⅲ.①化学 –
少儿读物 Ⅳ.①O6-49

中国版本图书馆 CIP 数据核字（2021）第 264172 号

有趣的酸碱性（구리구리 똥은 염기성이야?）
Text © Seong Hye-suk　Illustration © Baek Jeong-seok

无处不在的化学变化（부글부글 시큼시큼 변했다, 변했어!）
Text © Kim Hee-jeong　Illustration © Cho Kyung-kyu

神奇的混合物（뿅뿅 방귀도 혼합물이야!）
Text © Yi Jeong-mo　Illustration © Kim I-jo

我们身边的固体、液体、气体（단단하고 흐르고 날아다니고）
Text © Seong Hye-suk　Illustration © Hong Ki-han

微小世界的原子朋友们（더더더 작게 쪼개면 원자）
Text © Kwag Young-jik　Illustration © Lee Kyung-seok

This edition arranged with Woongjin Think Big Co., Ltd.
through Rightol Media Limited.
Simplified Chinese edition copyright © 2022 by Yilin Press, Ltd
All rights reserved.

著作权合同登记号　图字：10-2019-577 号

神奇的混合物 ［韩国］李庭模／著　［韩国］金理祚／绘　石安琪／译

审　　校　周　静
责任编辑　王　维
装帧设计　胡　苨
校　　对　孙玉兰
排　　版　陆　莹
责任印制　颜　亮

原文出版　Woongjin Think Big, 2012
出版发行　译林出版社
地　　址　南京市湖南路 1 号 A 楼
邮　　箱　yilin@yilin.com
网　　址　www.yilin.com
市场热线　025-86633278
印　　刷　新世纪联盟印务有限公司
开　　本　880 毫米 ×1230 毫米 1/16
印　　张　11.25
版　　次　2022 年 4 月第 1 版
印　　次　2022 年 4 月第 1 次印刷
书　　号　ISBN 978-7-5447-8987-5
定　　价　125.00 元（全五册）